www.ingramcontent.com/pod-product-compliance
Lightning Source LLC
Chambersburg PA
CBHW081006170526
45158CB00010B/2924
9781088471463